这就是中国·中国探月 丛书
探月工程科普绘本

哇哦，月球

郑永春 张智慧 著

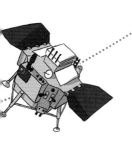

北京时代华文书局

"床前明月光，疑是地上霜。举头望明月，低头思故乡。"大诗人李白的这首《静夜思》，你一定倒背如流了吧？从古至今，无数文人墨客将月亮写入诗文、绘于笔端，对着月亮抒发各种情感。你有没有曾经在宁静的夜晚，仔细地观察月亮呢？今天，就让我们一起来了解一下真实的月亮吧。

玉兔笔记

玉兔想知道

1. 月亮跟地球是什么关系呢？像姐妹，还是像母子呢？
2. 为什么月亮每天看上去都不一样？

月亮真的每天都不一样吗？

如果你连续几天观察，就会发现：月亮原来每天都是不一样的。有时候大得像个盘子，又圆又亮；有时候像片柳叶，细细的，弯弯的。

天文学家告诉我们，在太阳系中，月球是地球最近的邻居，也是地球唯一的天然卫星。它在围绕地球转的同时，也和地球一起围绕太阳转，所以月亮其实也是绕着太阳转的。由于月亮本身不发光，

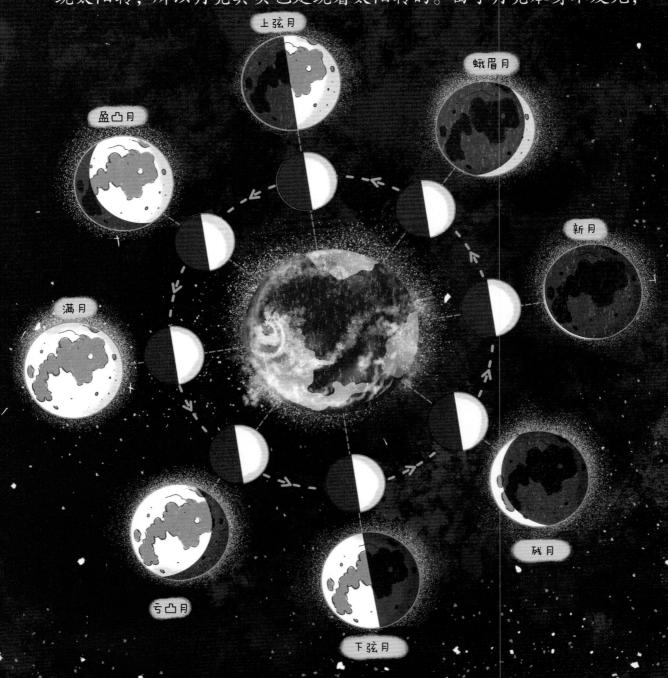

我们从地球上看到的月亮，实际上是月亮被太阳光照亮的部分。随着月亮绕地球的转动，太阳光照到月球上不同的半球，所以，地球上看到的月亮形状也就发生了变化。每个月，人们都可以看到月亮从月牙般的新月，变化到半个月亮的上弦月，再增大到满月。此后逐渐亏缺，成为下弦月，乃至残月，并开始新一轮的圆缺变化。

太阳光

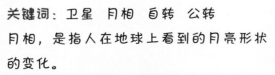

玉兔笔记

关键词：卫星　月相　自转　公转

月相，是指人在地球上看到的月亮形状的变化。

我们中国的阴历，就是根据月相的周期性变化而制定的。

月亮自己会发光吗？

夏天的夜晚，如果到森林里散步，就会发现成群的萤火虫。萤火虫会发光，是因为它有专门的发光细胞，发光细胞中的萤光素和萤光素酶相互作用，形成了萤火虫的发光器。太阳能发光，是因为太阳上每天都有几亿颗"氢弹"在爆炸，发出巨大的光和热。而月亮就不同了，月亮自己不会发光，它就像一面镜子那样，从太阳那里"借"光来照亮地球上的人们。所以即便是满月的夜晚，月亮的亮度也只有太阳的五十万分之一，就像探照灯旁的一只萤火虫。所以，当太阳出来后，我们就看不到月亮和其他星星了。

萤光素酶

发光器

萤光素

玉兔笔记

直射

太阳

反射

反射

太阳会发光,月亮不会发光,它的光是从太阳那里"借"来的。月亮照亮了地球上的黑夜,给地球上的人们送来了温馨和思念。

想一想:月亮原来不发光,这是谁首先发现的呢?他是怎么发现的呢?

月亮离我们有多远？

　　远亲不如近邻，月球这个最近的邻居究竟有多近呢？答案是：地球到月球的最远距离约为 40 万公里，最近距离约为 36 万公里，平均距离约为 38 万公里。可是你知道 38 万公里有多远吗？如果以每小时 15 公里的速度骑自行车去，大约需要 1055 天才能到月球；如果我们坐时速为 400 公里的复兴号高铁去，需要 40 天左右的时间；如果我们坐时速为 900 公里的喷气式飞机直线飞到月球去，需要多久呢？答案是大约 17 天。而如果发射航天器前往月球，只需要三四天就够了。

　　看来，这个邻居也不算太远。

1055 天

三四天

17 天

40 天

38 万公里

玉兔笔记

38万公里有多远？

38万公里，哇！好远。

如果我一次跳半米，需要连续跳上7亿多次，才能跳到月球上去。

"哦，那太累了。"

想一想：如果飞机的燃料足够多，能一直飞到月球吗？

如果没有月亮，地球会怎么样?

　　作为离地球最近的天体，月球会对地球产生显著影响。我们能感知的一个重大影响，就是潮汐。白天海水上涨被称为"潮"，夜间海水上涨被称为"汐"。生活在海边的小朋友知道，海水每天都会有两次涨潮，两次落潮。潮汐现象就是月球对地球的引力导致的。由于月球引力的影响，地球上正对着月球的那一面的海平面升高，形成涨潮，背对着月球的那一面的海水，也会因为地球自转的惯性力，有上涨的趋势，因此也会出现涨潮的现象。

玉兔笔记

月球引力引发潮涨潮落

关键词：潮汐 引力 惯性 固体潮

月球引起潮汐

月球的引力不仅会牵引海水的起伏，同样也会牵引地球岩石圈的起伏，每天的起伏高达 30 多厘米，这就是固体潮。

由于每天月亮升起的时间会比前一天晚五十分钟，所以，海水涨潮的时间也会每天推迟五十分钟。

看来，涨潮这件事确实是月亮在控制的。

想一想：我的身高会受到月球引力影响吗？会不会每天早晚不一样呢？嘿嘿。

11

谁在月光下活动？

　　即使是远离我们 38 万公里，作为邻居的月球，仍然会对地球上的生物产生显著影响。据生物学家统计，地球上至少有 600 多种动物的活动会受到月亮的影响。有的依靠月光识别方向。比如你眼前刚刚飞过的那只蛾子，正是有了月光，它才能按照直线飞行。再比如你脚下的那个蜣螂对月光也有类似的反应，它只有在月圆的时候才能沿着直线走。有的鱼类和海洋动物，则根据月亮的圆缺变化交配、产卵，繁殖后代。

玉兔笔记

在飞行的时候，蛾子会让月光射进眼睛的角度保持不变，以达到直线前进的目的。不幸的是，在遇到灯光或火光的时候，蛾子也会用这样的方式飞行，不断接近灯光或火光，直到扑上去牺牲掉，这就是"飞蛾扑火"的原因。

想一想：还有哪些小昆虫或小动物喜欢在月光下活动呢？

谁在牵着月亮转?

"来而不往非礼也。"月球影响着地球,地球也影响着月球。地球对月球最大的影响,在于地球对月球有强大的引力。由于地球对月球正面的引力大,对背面的引力小,这种牵制作用使月球的自转速度越来越慢。最后,月球自转一圈的周期,正好与月球绕地球公转的周期相同,就像围着树桩转的狐狸一样,始终虎视眈眈地面朝着树桩上的小兔子。从地球上看,月球也始终以同一面朝向地球。不仅如此,因为地球要比月球大得多,也像月亮一样会"借"太阳光,所以从月球上看到的"地亮"比我们看到的满月还要大得多、亮得多。

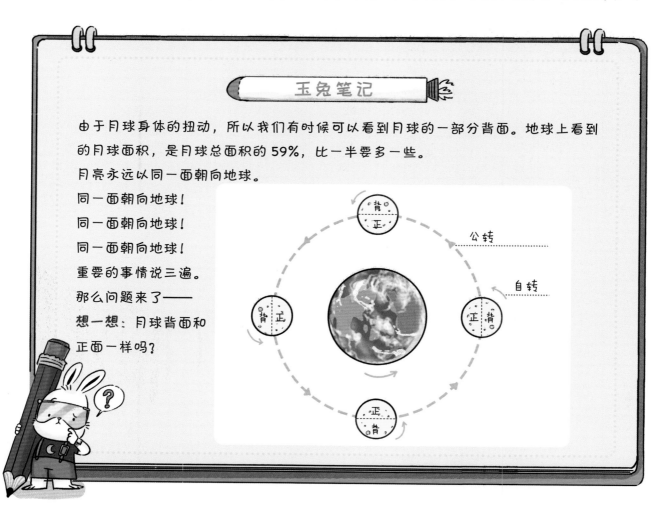

玉兔笔记

由于月球身体的扭动,所以我们有时候可以看到月球的一部分背面。地球上看到的月球面积,是月球总面积的59%,比一半要多一些。

月亮永远以同一面朝向地球。

同一面朝向地球!

同一面朝向地球!

同一面朝向地球!

重要的事情说三遍。

那么问题来了——

想一想:月球背面和正面一样吗?

公转

自转

月亮原来已经"死"了

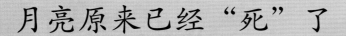

　　这件事，大诗人李白早就知道了。他曾经写过这样一首诗："今人不见古时月，今月曾经照古人。古人今人若流水，共看明月皆如此。"其实，比他早些的诗人张若虚也知道。他的名诗《春江花月夜》中这样写道："江畔何人初见月？江月何年初照人？人生代代无穷已，江月年年望相似。"是的，月亮的内部已经完全固结，没有了岩浆活动，也就没有磁场，没有火山喷发。除了偶尔受到小天体的撞击之外，几千万年来，月亮几乎没有发生过变化。从古至今，月亮看上去似乎都是一样的。

玉兔笔记

月球从古至今都一样

李白：唐朝大诗人，人称诗仙，就是那个"天子呼来不上船，
自称臣是酒中仙"的大牛人，让高力士给脱靴子的那位。

张若虚："孤篇压倒全唐"的那位。

问题是，喝酒后真的能写出更好的诗吗？

咳咳，跑题了……

月亮和地球会分手吗？

但是，月亮真的不会变吗？张若虚和李白不知道的一个事实是：月亮正在以每年 3.8 厘米的速度远离地球。这是为什么呢？

前面我们说到月球对地球的引力产生了潮汐现象，海水涨落潮也会对地球产生摩擦力，在潮汐力和潮汐摩擦的共同作用下，地球的自转会越来越慢。因为地球和月球系统的角动量守恒，地球跑得慢了，这些角动量就会转移到月亮上，将月亮往外推。所以，月亮就越来越远离地球了。李白和张若虚看到的月亮，可能会比我们现在看到的月亮要大一点点哟。

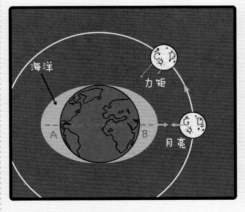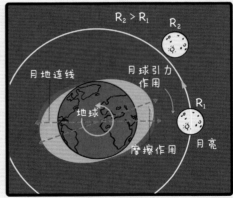

玉兔笔记

学霸笔记，请勿模仿。

十几亿年前，地球的自转速度比现在更快。

那时候，地球上的一天只有 17 小时。

前方高能预警：

这个需要用到大学物理知识——角动量守恒才能解释清楚。

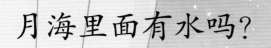

月海里面有水吗？

　　满月的夜晚，你很容易观察到月亮上有一些暗黑色的斑块，那就是月海。月海地势较低，是月球上的相对平坦的区域，填充着冷却后的岩浆。在月球朝向地球的这一面，有一半的区域都是月海。整个月球上共有 22 个"海"，其中向着地球的这一面有 19 个。而月亮上那些明亮的地方，地势较高，地形崎岖不平，被称为月陆。400 多年前，当伽利略用望远镜观测月亮的时候，看到这些暗黑色的斑块，他以为月亮上就像地球一样也有海洋和大陆，就把这些地方叫作海。而且，所有海的名字，大多以气象学上的名词来命名，比如，风暴洋、冷海、雨海、云海等。

玉兔笔记

月陆和月海

关键词：月陆　月海　环形山

月海里没有水，是谁给它们起名叫作"海"呢？

月海是被冷却后的岩浆填充的，所以月海比月陆更年轻。

没有水，没有江河湖海，没有风霜雨雪，月亮上好无聊。

月海 ······ ①

月陆 ······ ②

环形山 ······ ③

月亮原来不是完美无缺的

在中国的古诗词中，都把月亮比喻成一面镜子，比如宝镜、玉镜、冰镜等。西方国家的人们也认为，天上的星球都是天神，都是完美无缺的。可是，在 17 世纪初，当意大利科学家伽利略把改良的望远镜对准晴朗夜空中的月亮时，他发现，月球表面并非是圆润光滑、洁白无瑕的，而是坑坑洼洼、崎岖不平的，就像地球上的山峰、峡谷和平原。他连续进行了 20 天的观测，细致地描绘出月球表面。由于望远镜的分辨率有限，并不能看得很清楚。

月亮暗黑色斑块的想象

玉兔　　　　女人的侧脸　　　　男人的哭脸　　　　鳄鱼

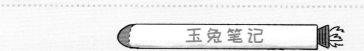

玉兔笔记

关键词：伽利略 望远镜

嗯，神奇的老爷爷。

通常人们只能用裸眼观天，可毕竟目力有限。由于伽利略老爷爷掌握了望远镜这一科技利器，不管他把望远镜指向哪里，都会有新的发现。这就是科学的力量。

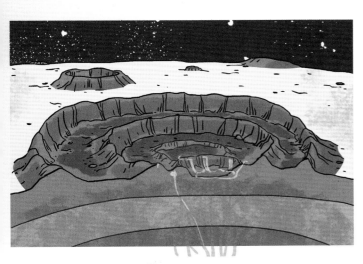

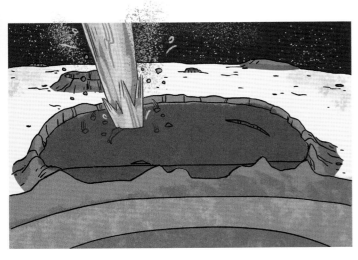

月球上的那些坑是怎么形成的呢？

　　伽利略第一次发现，月亮并不像神话故事中说的那样完美无缺，而是坑坑洼洼的。他把那些坑叫作"环形山"，在希腊语中的意思是"盘子"，实际上是环形的一圈山脉。后来，科学家发现，这些环形山都是小天体撞击月球形成的，所以也叫撞击坑或陨石坑。月球上有大大小小无数个撞击坑，其中直径大于一公里的撞击坑就有33000个，都是坑叠坑。

　　在月球上，还有很多以中国科学家的名字命名的环形山。其中，在月球的背面，有石申环形山、张衡环形山、祖冲之环形山、张钰哲环形山、毕昇环形山、郭守敬环形山、蔡伦环形山；在月球的正面，有高平子环形山等。你知道他们都是谁吗？

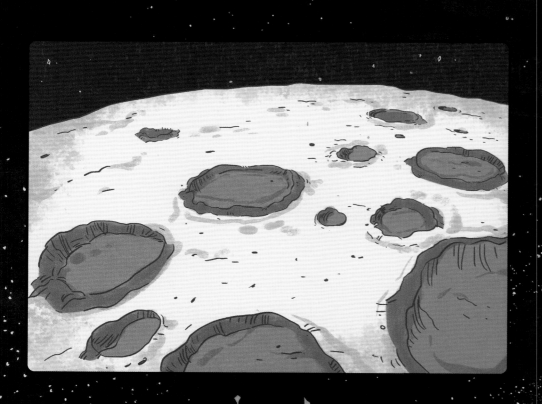

玉兔笔记

超级"星"团

石申：战国时代魏国天文学家、占星学家。

张衡：东汉时期伟大的天文学家、数学家、发明家、地理学家、制图学家、文学家、学者……（头衔太多了……大牛）候风地动仪，就是他发明的。

祖冲之：南北朝时期的数学家、科学家。把圆周率算到小数点后 7 位的大神。他还编制了《大明历》。

郭守敬：元朝著名天文学家、数学家、水利工程专家、仪器制作专家，编制《授时历》。

张钰哲：中国现代天文学家，小行星"中华星"的发现者，中国近代天文学的奠基人。

还有谁呢？你也去搜索一下吧。

想一想：月球上的地名是怎么命名的呢？

月球上的一天有多长？

地球上的一天是 24 小时，也就是地球相对于太阳自转一圈的时间。而月球的自转要慢得多，它绕南北方向的轴线自转，转一圈要 27 天多一点，这就是月球上一昼夜的长度。可是，你不要忘了它和地球一起也在绕太阳转。所以，月球必须再转一点，才能让太阳赶上它相对月球角度的同一位置。这额外转的"一点"需要 2 天时间。所以，相对于太阳而言，月球自转一周需要 29.5 天。这就是朔望月。

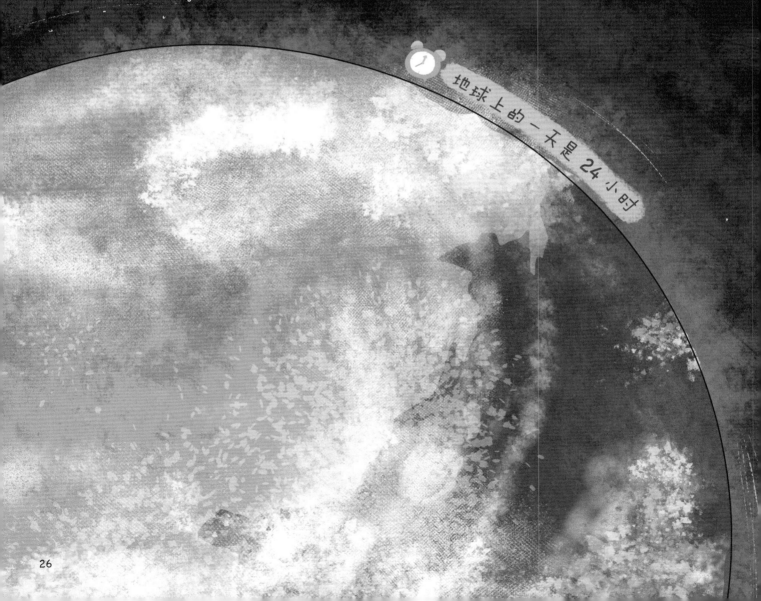

地球上的一天是 24 小时

朔望月的形成

上弦

太

阳

望 地球 朔

光

下弦

玉兔笔记

月球上的一天

朔望月：指的是从地球上看月亮，从满月到下一次满月之间的时间间隔。

1 个朔望月 =29.5 天

朔：初一，新月的日子

望：十五，满月的日子

在月球上过一天太无聊了，相当于地球上的 1 个月。

想一想：如果到了月球，你该怎么度过这漫长的黑夜呢？

月亮上的一天太漫长了！

月球上的一天是 24 小时 × 29.5

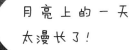

白天也可以看到月亮吗？

你知道吗？月亮每天升起的时间都会比前一天推迟五十分钟。所以，有时候在白天，你会看到月亮和太阳同时出现在天空中，真的是"日月同辉"。

这是因为月球围绕地球运动时，相对于恒星组成的背景来说，是从星座的西边缓慢移到了东边，当完成一整圈的运动，再次回到西边时，正好经历一个恒星月的时间。因此，月亮每天会向东移动约 13 度。所以才出现了月亮每天升起的时间不一样的情况。如果你想记录每天的月相，就要注意，仅靠熬夜是不够的，因为月亮有时只出现在白天哟。

玉兔笔记

日月同辉

关键词：恒星月

恒星月：月球绕地球公转相对于太阳的平均周期。

想一想：什么时间会白天出现月亮呢？

月亮的脸为什么变红了？

　　当月球钻进地球的影子时，我们就看不到它了。这时就会发生月食的天文现象。根据月球在地球影子中的位置不同，月食可以分为月偏食、月全食和半影月食三种。月食时，我们发现，月亮会呈现出古铜色，这是由于地球挡住了射向月亮的太阳光，月亮就变暗了。但是，仍然会有一些太阳光在穿过地球大气层后，发生了折射，照到月亮上。而红光的波长更长，更容易被折射到月亮上，使月亮呈现出红色。是不是很漂亮呢？

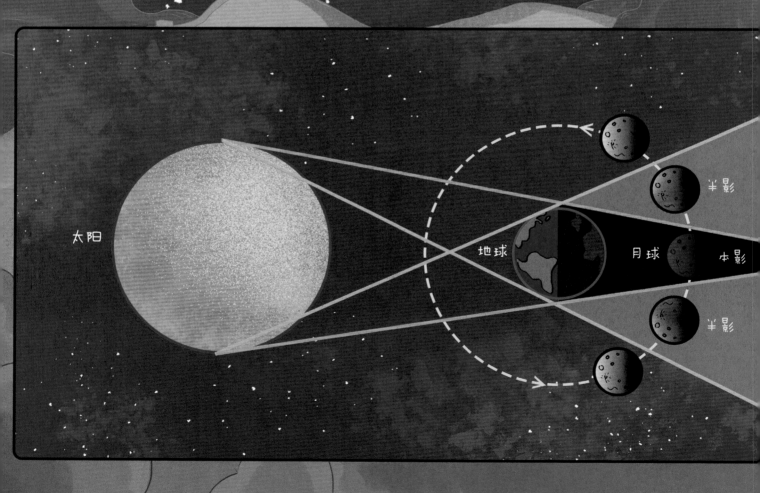

太阳　　地球　　月球　　半影　　本影

玉兔笔记

害羞的月亮

关键词：月食 折射

月食：

月球上很冷吗？

月亮不会发光，月亮上也几乎没有大气。这都怪月球的引力太小，根本速不住月球表面的气体分子，只能眼巴巴地看着它们逃到太空中。月球表面的大气总量，只有地球大气层的 10 万亿分之一，几乎是一片真空，比地球上最先进的实验室内制造的真空还要"空"。因为没有了大气层这件羽绒服，所以月球白天受到太阳照射，表面温度会迅速升高，可以高达 140℃；到了晚上，热量会快速丢失，表面温度可以低至零下 180℃，昼夜温差高达约 300℃。

忽冷忽热的月球

接近真空，需要自带氧气。

忽冷忽热，该不该带羽绒服呢？

好问题！

在月球上能跳多高？

哦，对了，你知道月球的身高和体重吗？月球体积约为 200 亿立方千米，大约是地球体积的 1/50。月球的直径约为 3500 千米，大约是地球的 1/4。月球的质量约为 7350 亿亿吨，虽然看起来很重，但也只有地球的 1/81 左右。月球表面的重力，约是地球表面重力的 1/6。所以，一个 60 公斤的人如果到了月球上，就只有 10 公斤重了。如果在地球上你能跳 1 米高，到了月亮上，你能跳多高呢？

6KG

1KG

玉兔笔记

月球的身高和体重

数学题：参考左侧的数据，完成地球的体检：

地球的体积约为 _____ 立方千米；

地球的直径约是 _____ 千米；

地球的质量是 _____ 吨。

月球是如何形成的呢？

　　说了这么多关于月球的事，你有没有想过这样一个问题：月球这家伙究竟怎么来的呢？关于月球这个邻居的起源，不同的科学家，有不同的理论来解释。第一种理论，是地球的引力抓住了一个途经地球附近的小天体，使它成为自己的卫星。如果是这样的话，月球和地球之间就没啥关系，相当于地球捡到的一个孩子。

然而，对月球岩石的分析结果显示，月球的成分与地幔的成分相似，而如果月球是在太阳系的其他地方形成的，就不可能会有现在这样的成分。

另一种推测认为，月球是地球在高速自转时，向外抛出的物质凝结而成的。但是，地球的自转速度很难快到把月球给甩出去的程度。

第三种理论认为，地球和月球是在太阳系的同一个区域、以相同的物质、在相同的时间里形成的，也就是说，月球和地球是同源的，都是太阳星云凝聚的产物。但是，根据目前的研究结果，月球的成分与地球之间存在差异，所以它们形成于太阳系同一区域的可能性不大。

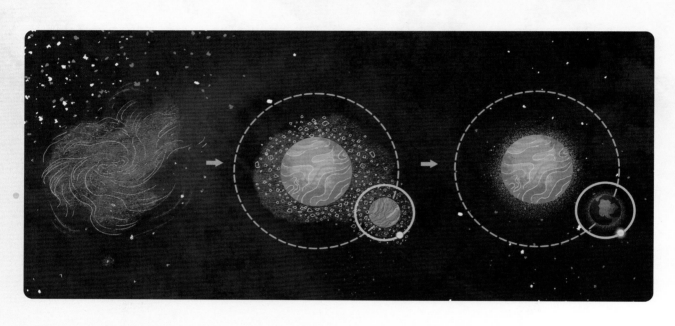

玉兔笔记

月亮和地球到底什么关系？

粉丝说——月球是地球的"粉丝"，是被地球吸引过来的天体。

母子说——月球是地球的"孩子"，由于地球的自转速度过快，而被甩了出去。

哪个对？

别急，还有没有别的说法呢？

目前，受到科学界普遍认可的是第四种理论：在46亿年前，有一个火星大小的天体，名叫忒亚，与当时的地球发生了巨大的碰撞，破坏了地球的地幔，撞击产生的碎片抛到地球轨道上，形成如今的月球。这个理论之所以受到认可，是因为它可以很好地解释月球的物质成分等事实。

图书在版编目（CIP）数据

哇哦，月球 / 郑永春，张智慧著. — 北京 ：北京时代华文书局，2021.7（2022.4重印）

（这就是中国 / 郑永春，张智慧主编. 中国探月）

ISBN 978-7-5699-4184-5

Ⅰ. ①哇… Ⅱ. ①郑… ②张… Ⅲ. ①月球探索－中国－青少年读物 Ⅳ. ①V1-49

中国版本图书馆CIP数据核字(2021)第089436号

这 就 是 中 国 · 中 国 探 月

ZHE JIU SHI ZHONGGUO · ZHONGGUO TANYUE

哇哦，月球

WA' O, YUEQIU

著　 者 | 郑永春　张智慧

出 版 人 | 陈　涛

选题策划 | 许日春

责任编辑 | 许日春　石乃月　沙嘉蕊

特约编辑 | 刘　阳

责任校对 | 张彦翔

插　 画 | 海丘文化

装帧设计 | 孙丽莉　九　野

责任印制 | 訾　敬

出版发行 | 北京时代华文书局 http://www.bjsdsj.com.cn

　　　　　北京市东城区安定门外大街138号皇城国际大厦A座8楼

　　　　　邮编：100011 电话：010-64267955 64267677

印　 刷 | 小森印刷（北京）有限公司

　　　　　（如发现印装质量问题，请与印刷厂联系调换，电话：010-80215073）

开　 本 | 889mm×1194mm　1/16　　印　 张 | 3　　字　 数 | 41千字

版　 次 | 2021年9月第1版　　　　　印　 次 | 2022年4月第2次印刷

书　 号 | ISBN 978-7-5699-4184-5

定　 价 | 45.00元